Ernst Häckel

Eine Besteigung des Pik von Teneriffa

GRIN Verlag

Bibliografische Information der Deutschen Nationalbibliothek:

Die Deutsche Bibliothek verzeichnet diese Publikation in der Deutschen National-
bibliografie; detaillierte bibliografische Daten sind im Internet über http://dnb.d-
nb.de/ abrufbar.

Impressum:

Copyright © 2008 GRIN Verlag GmbH
Druck und Bindung: Books on Demand GmbH, Norderstedt Germany
ISBN: 978-3-640-19002-7

Dieses Buch bei GRIN:

http://www.grin.com/de/e-book/117098/eine-besteigung-des-pik-von-teneriffa

Ernst Häckel

Eine Besteigung des Pik von Teneriffa

[erstmalig erschienen 1870]

Unter den kleinen Inselgruppen des Oceans, welche durch ihre eigenthümliche Natur sowohl das allgemeine Interesse der Seefahrer, als die besondere Wißbegierde der Naturforscher erregen, nimmt die Gruppe der canarischen Inseln einen hervorragenden Rang ein. Da dieser kleine Archipel, zwischen 27. und 30. Grad nördl. Breite gelegen, nur wenige Tagereisen von Spanien und von der nordwestlichen Küste Afrika's entfernt ist, so war die Kunde von demselben schon lange vor Christi Geburt durch phönicische Seefahrer zu den alten Griechen und Römern gedrungen. Die blühenden Schilderungen, welche ihre Entdecker von der wunderbaren Schönheit, dem unvergleichlichen Klima und dem natürlichen Reichthum dieser atlantischen Inseln entwarfen, trugen ihnen schon damals den Namen der glückseligen (*„Insulae fortunatae“*) ein. Der alte Mythus von den elysäischen Gefilden, die am Rande der Erde mitten in dem weltumgürtenden Okeanos, weit jenseits der Hesperiden-Gärten und jenseits der Säulen des Herkules liegen, schien durch diese Inseln zur vollen Wahrheit zu werden. Wie wenig übertrieben diese, wenn auch dichterisch ausgeschmückten Vorstellungen der Alten waren, mögen die reizenden Naturschilderungen bezeugen, welche noch in unserem Jahrhundert zwei der größten deutschen Naturforscher, Alexander von Humboldt und Leopold von Buch, von den canarischen Eilanden entworfen haben. Von Teneriffa, der in jeder Hinsicht bedeutendsten unter den glückseligen Inseln, dem eigentlichen Haupt- und Mittelpunkt der Gruppe, sagt Humboldt: „Gleichsam an der Pforte der Tropen und doch nur wenige Tagereisen von Spanien gelegen, hat Teneriffa schon ein gut Theil der Herrlichkeit

1

aufzuweisen, mit der die Natur die Länder zwischen den Wendekreisen ausgestattet. Im Pflanzenreich treten bereits mehrere der schönsten und großartigsten Gestalten auf, die Bananen und die Palmen. Wer Sinn für Naturschönheit hat, findet auf dieser köstlichen Insel kräftigere Heilmittel als das Klima. Kein Ort der Welt scheint mir geeigneter, die Schwermuth zu bannen und einem schmerzlich ergriffenen Gemüthe den Frieden wieder zu geben."

Unter den vielen einzelnen Merkwürdigkeiten der canarischen Inseln, welche in Humbold's und Buch's Schilderungen unser Interesse erwecken, stellt aber wieder ein einziger Gegenstand alle übrigen in Schatten: Das ist der Pik von Teyde auf Teneriffa, oder der Teyde, wie ihn die Insulaner schlechtweg nennen. Weit alle übrigen Krater der Inselgruppe überragend, erhebt sich dieser stolze Centralvulkan aus dem Schooße der atlantischen Fluth ungefähr zu derselben Höhe, welche unsere schneeschimmernde Jungfrau im Berner Oberland erreicht. (Die neueren Messungen bestimmen die Meereshöhe des Pik zu 12,200 Fuß, während einige ältere Messungen ihm mehr als 13,000 Fuß, andere allerdings auch weniger als 12,000 Fuß geben.) „Wenn der Krater des Pik, sagt Humboldt, der seit Jahrhunderten halb erloschen ist, Feuerbüschel ausströmte, wie der Stromboli-Vulkan auf den liparischen Inseln, so würde der Pik von Teneriffa, einem riesigen Leuchtthurm ähnlich, dem Schifffahrer in einem Umfang von mehr als 260 Meilen zur Richtung dienen." So werden wir es nicht wunderbar finden, wenn die Alten in dieser mächtige Felsenpyramide den Grundpfeiler gefunden zu haben glaubten, dessen mächtige Schultern das Himmelsgewölbe tragen, und wenn in ihrer dichterischen Phantasie der Teyde ebenso zum Atlas wurde, wie glückseligen Inseln zu den elysäischen Gefilden.

Aber nicht die gewaltige Felsmasse, die imposante Pyramiden-Gestalt und die erstaunliche Höhe, bis zu welcher der Pik sich mitten aus dem atlantischen Ocean erhebt, haben ihn zu einem der berühmtesten Berge gemacht. In noch viel höherem Maaße haben dazu die Naturschönheiten beigetragen, die seinen Fuß umgürten, und die geologischen Merkwürdigkeiten, die sein Haupt krönen. Man kann nicht Humbold's glänzende Schilderung des Orotava-Thales lesen, ohne von lebendiger Sehnsucht nach diesem Paradiesgarten ergriffen zu werden; und man kann sich nicht in Buch's meisterhafte Darstellung von den vulkanischen Wundern des Piks vertiefen, ohne die lebhafteste Begierde nach ihrem unmittelbaren Anblick zu empfinden. Dazu gesellt sich für den Naturforscher noch das tiefere Interesse für die classische Bedeutung, welche der Pik durch Buch's und Humbold's Untersuchungen für die Geologie und für die Pflanzengeographie gewonnen hat.

Schon in früher Jugend war durch diese Darstellungen die Wanderlust nach dem Pik von Teneriffa mächtig in mir angefacht worden, und die Spannung war daher nicht gering, in der ich im November 1866 dem langersehnten Reiseziele mich wirklich näherte. Diese Spannung war um so größer, als meine Absicht, Teneriffa zu besuchen, beinahe unmittelbar vor ihrer Erfüllung gescheitert wäre. Als ich nämlich, von London kommend, mit meinen drei Reisegefährten (einem Bonner Privatdocenten, Dr. G., und zwei Jenenser Studenten, Herren M. und F.) auf Madeira landete, erfuhren wir zu unserer großen Bestürzung, daß wahrscheinlich während des ganzen Winters sich keine Gelegenheit finden werde, um von Madeira nach den canarischen Inseln hinüberzufahren. Die einzigen Schiffe, welche einen regelmäßigen Verkehr zwischen diesen beiden Inselgruppen unterhalten, sind die englischen Westafrika-Dampfer, welche jeden Monat von London über Madeira und Teneriffa nach der west-afrikanischen Küste gehen. Wegen der Cholera-Epidemie in London und wegen des gelben Fiebers an der afrikanischen Küste war aber im Herbst 1866 diesen Dampfern schon seit mehreren Monaten jeder Personen-Verkehr mit Madeira und den Canaren von der Gesundheits-Behörde, die in den Häfen dieser Inseln sehr streng ist, untersagt.

Aus dieser Bedrängniß wurden wir ganz unerwartet durch ein preußisches Kriegsschiff, die „Niobe", gerettet. Diese schöne Segelfregatte lag eben im Hafen von Funchal, als wir dort ankamen, und wollte schon in den nächsten Tagen ihre Uebungsfahrt nach Teneriffa weiter fortsetzen. Commandant derselben war Capitän Batsch, ein geborener Weimaraner und Enkel des Professor Batsch, welcher zu Göthe's Zeit in Jena Botanik lehrte. Dieser ebenso ausgezeichnete als liebenswürdige See-Officier, welchem ich unsere bedrängte Lage schilderte, gewährte uns mit dankenswerthester Zuvorkommenheit die Erlaubniß, unsere Ueberfahrt nach Teneriffa auf der Niobe zu bewerkstelligen, und die übrigen Schiffs-Officiere, deren Gäste wir während dieser Zeit wahren, thaten Alles, um uns diese Ueberfahrt so angenehm als möglich zu machen.

Es war am frühen Morgen des 21. November, als wir in unsern Hängematten durch den Ruf geweckt wurden: „der Pik, der Pik!" Schnell rieben wir den Schlaf aus unsern Augen und stürzten auf das Verdeck. Ja, da lag er wirklich und leibhaftig vor unsern Blicken, der ersehnte Berg. Klar und scharf zeichnete sich die regelmäßige Pyramide des mächtigen silbergrauen Gipfels auf dem dunkelblauen Himmelsgewölbe ab, und wie ein breites Piedestal, einer Mauerzinne ähnlich crenellirt, streckte sich weit nach Ost und West hin zu seinen Füßen die felsige Nordküste der Insel Teneriffa. Die Wolkendecke, welche am vorhergehenden Tage den Himmel verschleiert und den fernen Pik unsern Blicken entzogen hatte, war allenthalben durchbrochen und nur zerrissene Fetzen derselben hingen noch als einzelne schmale graue Bänder in mehreren Stockwerken hier und dort über einander; einige schienen ringförmig den Kegel des Pik zu umgeben. Gegen den Nachmittag hin zogen sich diese Wolkenreste dichter zu einem einzigen grauen Ringe zusammen, welcher sich um den eigentlichen Fuß des Piks herumlagerte und denselben gänzlich von der breiten Nordküste der Insel abtrennte, der wir uns mehr und mehr näherten. Doppelt herrlich und mächtig erhob sich nun die gewaltige weiße Pyramide über der grauen Wolkendecke, die auf dem niederen Vorland lagerte, und schon konnten wir mit dem

Fernrohr scharf die einzelnen Zacken der Küstenmauer unterscheiden. Was bedeutete aber die helle, fast silberglänzende Farbe des Pyramiden-Gipfels? War es wirklich Schnee oder war es nur der strahlende Reflex des Sonnenlichts von der weißgrauen Bimsstein-Decke, die den obersten Theil des Pik überlagert, und von der wir aus den Reisebeschreibungen wußten, daß sie auch mitten im Sommer, wo gar kein Schnee auf dem Pik liegt, den Seefahrer täuscht, und ihm einen beschneiten Gipfel vorspiegelt? War es wirklich Schnee, so stand es vermuthlich schlimm um unsere beabsichtigte Ersteigung des Gipfels, und daher betrachteten wir diesen verdächtigen Silberglanz mit Zweifel und Mißtrauen.

Unsere Ungeduld, den Boden von Teneriffa zu betreten, der scheinbar schon so nahe, in Wirklichkeit aber wohl noch fünf oder sechs Meilen entfernt lag, war nicht gering. Sie wurde aber noch auf eine harte Probe gestellt. Denn widriger Wind nöthigte unsere Segelfregatte zu kreuzen und nur langsam konnten wir uns nähern. Gegen Abend hüllte sich der Pik wieder in einen dichten Wolkenschleier. Als wir am andern Morgen erwartungsvoll auf das Verdeck traten, erblickten wir die Küste unserm Schiff ganz nahe. Es war aber nicht die Küste von Teneriffa, sondern von Gran Canaria, einer Insel, welche beinahe einen Breitengrad weiter nach Südosten liegt, in der Mitte durchschnitten vom 28. Breitengrade, welchen die südlichste Spitze von Teneriffa so eben berührt. Bald schwellte jedoch ein günstiger Wind die vollen Segel unserer Fregatte, welche nun ihren Cours nach Nordwesten nahm und um 12 Uhr Mittags am 22. November, auf der Rhede von Santa Cruz, die Anker fallen ließ.

Santa Cruz ist die Hauptstadt von Teneriffa und zugleich Sitz der canarischen Regierungs-Behörden, und wurde als solche von unserem Kriegsschiffe mit 21 Kanonenschüssen salutirt, welche die Strandbatterien alsbald erwiederten. Die Stadt liegt am Südrande sehr nahe der nordöstlichen Ecke der Insel, deren dreieckige Gestalt große Aehnlichkeit mit der Insel Sicilien hat. Bei beiden Inseln streicht die Nordküste von ONO. nach WSW. Während aber die kürzeste Seite des Dreiecks bei Sicilien nach Osten schaut, ist sie bei Teneriffa umgekehrt nach Westen gerichtet. Die Gebirgskette, welche beide Inseln durchschneidet, wird auf beiden von einem ungeheuren Centralvulkan überragt. Während aber der 10,000 Fuß hohe Etna sich im östlichen Theile Siciliens erhebt, liegt der 12,000 Fuß hohe Teyde mehr im westlichen Theile von Teneriffa.

Der Anblick, welchen Santa Cruz und die nächstgelegene Südostküste Teneriffa's vom Meere aus gewähren, ist ziemlich öde und bleibt weit zurück hinter dem entzückenden Bilde, welches uns in der vorhergehenden Woche bei unserer Landung auf Madeira empfangen hatte. Funchal, die reizende Hauptstadt von Madeira, liegt in einem weiten, äußerst fruchtbaren Thalkessel, der von allen Reisenden mit vollem Rechte als wahres Paradies gepriesen wird. Lichtgrüne Zuckerrohr-Plantagen zieren den Fuß der üppig bewaldeten Berge, welche sich in malerischen Formen über der Bai von Funchal erheben. Die zierlichen Häusergruppen, die staffelförmig an den Berggehängen emporsteigen, sind von der reizendsten Vegetation umgeben. Eine eben so warme als feuchte Atmosphäre macht die Insel zu einem natürlichen Treibhaus. Als wir auf Madeira zum ersten Male unsern Fuß auf außereuropäischen Boden setzten, glaubten wir uns schon mitten in den Tropen zu befinden. Ganze Haine von Bananen und Bambusen, Palmen und Euphorbien, und zahlreiche andere tropische Gewächse, von den prachtvollsten Blüthen überschüttet und von Schlingpflanzen umrankt, blendeten durch ihren bunten Farbenglanz unser entzücktes Auge und erfüllten die Luft mit balsamischen Wohlgerüchen. Und als wir die portugiesische Stadt Funchal betraten, welche in den letzten Jahren durch die Vorliebe der Engländer thatsächlich eine englische Colonie geworden ist, mußten wir den Geschmack bewundern, mit welchem dieselben diesen Garten Edens benutzt und durch Anbau der reizendsten Landhäuser zu einem unvergleichlichen Aufenthalte gemacht haben.

Welcher Contrast zu der Hauptstadt des spanischen Teneriffa! Oede und beinahe von Pflanzenwuchs entblößt, liegt die weiße Häusermasse von Santa Cruz an dem Fuße einer schwarzen oder braunschwarzen zackigen Gebirgskette von äußerst wildem und ungastlichem Charakter. Abgesehen von einigen kleinen Gärten und den einförmigen Cactus-Pflanzungen auf dem flacher abfallenden Vorlande, sowie von einer Anzahl Palmen, die zwischen den Häusern zerstreut sind, ist von Vegetation fast Nichts zu bemerken. Die nackte Gebirgskette von basaltischer Lava sieht mit mit ihren schwarzen, düstern Schluchten und ihrem wild zerrissenen Rücken fast so aus, als ob sie eben erst dem vulkanischen Schooße der feuerspeienden Insel entstiegen wäre. Als wir in glühender Mittagshitze die einförmigen Straßen der Stadt betraten, schlug uns ein trockner und heißer Luftstrom wie aus einem Backofen entgegen. Straßen und Plätze waren menschenleer und die grünen Jalousien der weißen Häuser völlig geschlossen. Nur einige schwer beladene Camele wanderten langsam, mit schwerfälligem Schritte, dem Hafen zu. Nachdem wir ein gastliches Obdach für die nächsten Tage gefunden hatten, eilten wir, aus der öden Stadt in's Freie zu gelangen, und wandten unsere Schritte zunächst nach einer von den wilden Schluchten oder Barrancos, welche zunächst im Osten von Santa Cruz tief in die Gebirgskette der Añaga einschneiden. Wir hofften im Grunde der Schlucht, welche den Namen Valle Ameida führt, Schatten und Kühlung zu finden. Aber der Bergstrom, welcher in der Regenzeit tobenden Laufes und in zahlreichen Wasserfällen hier herabstürzt und mächtige Lavablöcke dem Meere zuführt, war versiegt. Von Bäumen war keine Spur zu sehen, abgesehen von einzelnen schattenlosen Dattelpalmen und von canarischen Tamarisken, deren Zweige, mit ganz kleinen graugrünen Blättchen bedeckt, ebenso wenig Schatten zu verbreiten vermochten. Auch die spärliche Vegetation, welche hier und da aus den Felsritzen des nackten schwarzen Lavabodens hervorsproßte, war nicht schön, obwohl in hohem Maaße interessant.

Schon aus der Ferne hatten wir auf dem dunklen Lava-Gestein zahlreiche blaugrüne Flecken bemerkt. Als wir jetzt einem solchen Flecke uns näherten, wurden wir durch eine der wunderbarsten Pflanzengestalten überrascht. Was ist das für ein seltsames Gewächs, kein Baum, kein Strauch, kein Kraut! Nichts ist da als ein Haufe von dichtgedrängten, langen, vierkantigen Säulen von matt blaugrüner Farbe, welche einander parallel senkrecht aufsteigen. Nur am Grunde, wo die kleineren Säulen von größeren sich abzweigen, sind sie leicht gebogen, nacht Art eines Armleuchters. Die größten und stärksten Säulen, so dick wie ein Mannesarm, erheben sich bis zu 16 Fuß Höhe. Statt der Blätter sind die starren Pfeiler mit Stacheln bedeckt. Wir glauben einen riesigen Armleuchter-Cactus zu erblicken. Aber wir sind ja in Afrika, und nicht in Amerika, der eigentlichen Heimath der Cactuspflanzen. Ich will eine Säule abschneiden, da spritzt mir aus der verletzten Rinde ein Strom von dickem weißem Milchsaft entgegen und ich erkenne die berühmte cactusartige Wolfsmilch (*Euphorbia canariensis*), eine der bedeutendsten Charakterpflanzen der Inseln, welche von den Spaniern el Cardon genannt wird. Der scharf giftige Milchsaft wird eingetrocknet als Arznei benutzt. Neben dieser seltsamen Armleuchter-Wolfsmilch entdecken wir bald noch eine andere Euphorbia-Art, die Fischer-Wolfsmilch (*Euphorbia piscatoria*), welche kleine Bäume bildet, und deren scharft giftiger Milchsaft von den Fischern zum Vergiften der Fische benutzt wird. Die canarischen Inseln sind an Euphorbien überaus reich. Mehr als 20 verschiedene Arten finden sich hier; mehrere derselben erheben sich zu starken, dicht verzweigten Bäumen. Eine davon, die süße Wolfsmilch (*Euphorbia balsamifera*), welche wir auf den Strandklippen hinter den Küstenbatterien von Santa Cruz fanden, gleicht unsern Wachholderbüschen, und ist ausgezeichnet durch den süßen, nicht giftigen Milchsaft, welcher eingedickt als Gelée verspeist werden soll.

Zwischen diesen Euphorbien wuchsen auf den Felsen des Barranco zerstreut kleine Büsche mit gegliederten, fleischigen, nur an der

Spitze blättertragenden Aesten, die wir ebenfalls für eine baumartige Wolfsmilch hielten. Aber beim Abbrechen der Zweige entleerte sich kein Milchsaft, und bald entdeckten wir einzelne gelbe Compositenblüthen an ihnen, welche uns sofort zeigten, daß wir eine von den Euphorbien weit entfernte Pflanze vor uns hatten. Es war die *Kleinia nereifolia*, eine unserm Huflattig nahe verwandte Composite. Die auffallende Aehnlichkeit in der ganzen Tracht, welche zwei im Systeme, d. h. im Stammbaum, so weit von einander entfernte Pflanzen zeigen, erklärt sich einfach durch die Anpassung an gleiche Lebensbedingungen. Noch ein kleiner Strauch, den wir zwischen den Euphorbien und Kleinien in der Valle Ameida fanden, mag hier erwähnt werden, weil er gleich jenen Beiden zu den bedeutendsten Charakterpflanzen der canarischen Inseln gehört. Das ist die *Plocama pendula*, ein Busch von 8–10 Fuß Höhe, welcher mit unserm Waldmeister und Geisblatt, aber auch mit dem auf Teneriffa cultivirten Caffeebaume in eine und dieselbe Familie gehört. Mit ihren zahllosen feinen niederhängenden Zweigen und schmalen dünnen Blättern gleicht die Plocama einer Trauerweide im Kleinen. Während meine Reisegefährten tiefer unten zwischen den Felsen umherstiegen, war ich höher in die Ameida-Schlucht hinaufgeklettert, und gelangte hier zu einigen Bauernhütten, welche von Cactus-Pflanzungen umgeben waren. Vor den niederen Hütten spielten nackte braune Kinder, und bei meiner Annäherung stürzte mir eine Schaar von großen halbwilden Hunden laut bellend entgegen. Diese wolfähnlichen Thiere, Perros genannt, die in großer Anzahl auf den Inseln leben und gegen die wir uns später noch oft mit den Stöcken zu wehren hatten, erinnerten mich an die großen Hunde, welche den canarischen Inseln ihren Namen gegeben haben. Zur Zeit von Christi Geburt sandte Juba, der tapfere König von Numidien, einige Schiffe nach den glückseligen Inseln aus, welche zuerst genauere Nachrichten darüber nach der Mittelmeerküste brachten. Diese Expedition, die älteste und einzige des Alterthums, von der wir nähere historische Kunde besitzen, brachte dem Könige als Geschenk ein Paar riesige Hunde mit zurück, und von diesen empfing der ganze Archipel seinen Namen: „Hunde-Inseln" (*canariae*).

Die Bauernhütte, in welche ich eintrat, war gleich jenen, die wir später auf den andern Inseln überall wiederfanden, äußerst einfach, ein viereckiger, aus Lavablöcken aufgebauter und weiß angestrichener Würfel mit plattem Dach und nur einer einzigen Oeffnung, welche Thüre, Fenster und Schornstein in einer Person darstellte. Eben so einfach war der rohe Hausrath, aus einem Tische, einem großen Bett für die ganze Familie und einigen Stühlen bestehend. An den weiß übertünchten Wänden hingen Kochgeschirre, Kleider, Heiligenbilder und Ackergeräth bunt durcheinander. Die Bauersleute bewillkommneten mich mit der bei den Insulanern allgemein verbreiteten Gastfreundlichkeit, verbunden mit dem edlen Anstande und der stolzen Förmlichkeit, welche den Nachkommen der alten Spanier wohl geziemt. Zur Erfrischung setzten sie mir Bananen oder Paradiesfeigen vor, in ihrem spanischen Dialecte Platanos genannt. Diese köstliche Frucht gehört zu den segensreichsten Erzeugnissen der Tropenzone. Für vielen Tropengegenden ist sie das Haupt-Nahrungsmittel, und eine kleine Bananenpflanzung genügt, um einer ganzen Familie mühelos den Jahresunterhalt zu gewähren. Die Früchte der Bananen oder Musen haben die Größe und Form einer mittleren Gurke. Unter der dicken gelben oder grünen Schaale, welche sich leicht ablöst, kommt ein weiches gelbes Fruchtfleisch zum Vorschein, das im Ganzen Geschmack und Consistenz eines mehligen Apfels hat, aber verbunden mit einem köstlichen Aroma, das dem der Ananas ähnlich ist. Auch in Scheiben geschnitten und Oel gebacken schmecken die Früchte ausgezeichnet. So herrlich die Frucht, so wunderschön ist die Pflanze der Banane, ohne Zweifel eine der größten Zierden der Tropen-Vegetation. Obwohl ich die Banane schon in Sicilien und in Portugal im Freien blühend gesehen hatte, fand ich sie doch auf Madeira und Teneriffa zum ersten Male in ihrer ganzen tropischen Fülle. Ein schlanker, grüner Stamm, welcher sich gerade und unverästelt zu 20–25 Fuß Höhe erhebt, trägt oben eine Krone von wenigen, nur 16–20 Blättern. Diese Blätter sind aber prachtvoll, jedes einzelne 6–10 Fuß lang und 1 bis 2 Fuß breit, zierlich zurückgebogen und mit dem herrlichsten lichtesten Freudiggrün gefärbt. Das Gewebe der ungeheuren Blattfläche ist so zart, daß es vom Winde in zahlreiche feine Lappen zerschlitzt wird, die parallel bis zur mittleren starken Blattrippe verlaufen. So gewinnt das ursprünglich ganzrandige Blatt Form und Aussehen eines gefiederten Palmenblatts. In der Mitte der wunderschönen Blätterkrone endigt der Stamm mit einem duftenden bunten Blüthenschaft, an dem lange Zeit hindurch absatzweise die herrlichen Früchte reifen. Gewöhnlich steht die Banane auf den canarischen Inseln in kleinen Gruppen von 8–10 Stück in unmittelbarer Nähe der Hütten. Auf der Nordseite von Teneriffa aber, zwischen Icod und Garachico, fanden wir nachher ganze Wälder von Bananen, mit Dattelpalmen, Bambusrohr und Drachenbäumen gemischt.

Am folgenden Tage besuchten wir einige von den wenigen Gärten, welche in Santa Cruz und dessen nächster Umgebung zu finden sind. Obwohl von geringem Umfang, enthalten dieselben doch manche merkwürdige Tropenpflanze, die Annona, den Kaffeebaum, Brodfruchtbaum, Zimmtbaum, Drachenbaum und die edle Königspalme von der Havana, mit schneeweißem Stamme und schneeweißen Blüthen zwischen der dunkelgrünen Blätterkrone (*Oreodoxa regia*). Das merkwürdigste aber war uns ein Exemplar des berühmten afrikanischen Affenbrodbaums (*Adansonia digitata*). Von diesen, wie von den canarischen Drachenbäumen existiren noch gegenwärtig einzelne Stämme, welche zu den ältesten Baumindividuen der Erde gehören. Mit Sicherheit übersteigt ihr Alter 2000, möglicherweise sogar 4 oder 5000 Jahre. Die ältesten in Afrika gefundenen Stämme des Baobab oder Affenbrodbaums, deren Alter man auf mehr als 5000 Jahre berechnet, erreichen einen Durchmesser von 30 Fuß und einen Umfang von 90 Fuß. Dabei ist der Stamm nur ungefährt 80 Fuß hoch, so daß er mit seiner flachen, schirmförmig ausgebreiteten Blätterkrone einem colossalen Pilze gleicht.

Unter den wenigen öffentlichen Plätzen von Santa Cruz zeichnet sich ein schöner Promenaden-Platz durch ein Wasserbecken und durch üppige Pflanzenanlagen aus. Wir hatten am Abend zuvor hier die hübsche Musik der spanischen Garnison spielen gehört und dabei die Damenwelt von Santa Cruz bewundert, berühmt durch ihren Wuchs und ihre dunklen, man könnte sagen vulkanischen Feueraugen. Gleich „den Damen von Sevilla, mit Fächer und Mantilla", lustwandelten hier die Schönen in ihren zierlichen, schwarzseidenen Schleppkleidern und erfreuten sich der Musik und der köstlichen abgekühlten Abendluft. Als wir jetzt bei Tage diesen Platz wieder betraten, wurden wir durch eine Allee der prachtvollsten Wolfsmilchbäume überrascht, hochstämmige Euphorbien, welche über und über mit riesigen scharlachrothen Blüthen bedeckt waren. Während wir unser Erstaunen über diese Blüthenpracht äußerten, wurden wir von einem hinter uns stehenden Herren deutsch angeredet. Es war ein geborener Schweizer, Namens Wildpret, der seit einigen Jahren als Director des botanischen Gartens in Orotava angestellt war. Die Bekanntschaft mit diesem kenntnißreichen und gefälligen Manne war uns in den folgenden Tagen von großem Nutzen. Wir hörten von ihm bestätigen, was uns bereits der englische Consul in Santa Cruz mitgetheilt hatte, daß wir höchstwahrscheinlich bei der vorgerückten Jahreszeit auf unsern sehnlichsten Wunsch, den Pik zu ersteigen, würden verzichten müssen; der Vulkan sei bereits weit herab mit Schnee bedeckt, und unter diesen Umständen die Besteigung des Gipfels ebenso schwierig als gefährlich. Doch erbot sich Herr Wildpret, uns nach Orotava zu begleiten und uns bei dem Versuche, möglichst weit von hier aus auf den Teyde hinaufzusteigen, behülflich zu sein. Es war keine Zeit zu verlieren, und wir beschlossen, schon am nächsten Tage von Santa Cruz nach Orotava hinüber zu gehen.

Orotava liegt beinahe in der Mitte der Nordküste von Teneriffa, etwa 8 Stunden von Santa Cruz entfernt. Um dahin zu gelangen, muß man auf der schönen, neu angelegten Kunststraße den östlichen Ausläufer des Esperanza-Gebirges überschreiten, eines langen, vielzackigen Basaltrückens, welcher von dem südwestlich gelegenen Pik aus in nordöstlicher Richtung sich bis nach Laguna hinzieht. Laguna, welches man nach Ueberschreitung des 2000 Fuß hohen Bergrückens in 3 Stunden von Santa Cruz aus erreicht, ist eine ansehnliche Stadt, in einer fruchtbaren Hochebene gelegen. Vor sehr langer Zeit war diese letztere ein Seebecken, daher auch der Name „Laguna". Früher die Hauptstadt von Teneriffa, ist Laguna jetzt ziemlich verödet, ihre Straßen mit Gras bewachsen und ihre Dächer mit einer eigenthümlichen Localform des Hauslaub (*Sempervivum urbicum*) bedeckt. Nur im Sommer belebt sie sich. Wenn die drückende trockene Hitze in Santa Cruz unerträglich wird, ziehen alle wohlhabenderen Bewohner nach Laguna hinauf, zur Sommerfrische. Die Temperatur bleibt hier in 2000 Fuß Höhe immer sehr gemäßigt, durch naheliegende Lorbeerhaine und feuchte Nordwinde gekühlt.

Die nächste Stunde hinter Laguna führt in eine ganz andere Landschaft. Während man beim Hinaufsteigen von Santa Cruz immer nur über öde Lavafelder und durch starre, blattlose Cactus-Pflanzungen wandert, hier und da einen wilden Barranco überschreitend, glaubt man hinter Laguna plötzlich, wie durch einen Zauber, aus Afrika in eine fruchtbare Gebirgsgegend Mitteldeutschlands versetzt zu sein. Reiche Kornfelder bedecken das Thal in weiter Ausdehnung, eine goldene Aue, wie in Thüringen. Aber die Camele, welche uns begegnen, und die Agavehecken, welche die Felder einfriedigen, erinnern uns sogleich daran, daß wir uns in der warmen Zone, und nicht im Juli, sondern im November befinden. Die Agave, irrthümlich bei uns gewöhnlich Aloe genannt, ist in Amerika heimisch, aber hier, wie an der ganzen Mittelmeerküste, angepflanzt und verwildert; auch wird sie hier wie dort allgemein zur Einzäunung der Felder benutzt. Mit ihrem dichten Busche von seegrünen, schwertförmigen, stachligen Blättern und mit dem langen, einem riesigen Armleuchter gleichenden Blüthenschafte ist die Agave für die südeuropäische und die canarische Landschaft nicht minder charakterbestimmend, als der ebenfalls aus Amerika eingewanderte Opuntia- oder Cochenille-Cactus. Diese letztere Pflanze ist gegenwärtig eine der wichtigsten Nutzflanzen der canarischen Inseln und bedeckt den größten Theil des cultivirten Landes, namentlich auch die früheren Weinberge, die durch die Traubenkrankheit verheert sind. Die hohe Bedeutung des Cactus beruht nicht auf seinen wohlschmeckenden, saftigen Früchten, den sogenannten „indianischen Feigen", sondern auf den Blattläusen, welche sich von seinen runden, scheibenförmigen, fleischigen Aesten und Zweigen nähren. Diese Blattläuse, die Cochenille-Thiere (*Coccus Cacti*), welche mit der größten Sorgfalt gezüchtet und abgelesen werden, liefern getrocknet das Carmin, unsern kostbarsten und werthvollsten rothen Farbstoff. Die Camele, denen wir auf der Straße nach Orotava begegneten, waren mit Säcken voll dieses wichtigen Handelsartikels beladen, die sie nach dem Hafen von Santa Cruz schleppten. Nicht blos als Lastthier sahen wir die Camele hier benutzt, sondern auch als Zugthier. Die Bauern, welche gerade einen Theil der Felder pflügten, hatten vor jeden Pflug ein Camel und daneben einen Esel gespannt. Dieses seltsame Zwiegespann ist auf den canarischen Inseln allgemein verbreitet. Schon von den normannischen Eroberern, den Bethencourts, wurden die Camele auf den Canaren als Lastthiere eingeführt. Doch haben sie auf Teneriffa und überhaupt den westlichen Inseln des Archipels nicht das Gedeihen und die Bedeutung erlangt, wie auf den beiden östlichen Inseln Lanzerote und Fuerta Ventura, welche der afrikanischen Heimath der Camele am nächsten liegen und auch bereits ein ganz afrikanisches Klima und Aussehen haben.

Eine Stunde hinter Laguna beginnt die Straße sich abwärts zu neigen und man betritt in der Nähe der Dörfer Tacaronte und Sauzal die Nordküste oder richtiger Nordwestküste von Teneriffa, welche durch ihre üppige Fruchtbarkeit zu der öden, heißen Südküste im erquickendsten Gegensatze steht. Ich kann den Eindruck, den sie auf uns machte, nicht besser als mit Humboldt's Worten schildern: „Wenn man in das Thal von Tacaronte hinabkommt, betritt man das herrlichste Land, von dem die Reisenden aller Nationen mit Begeisterung sprechen. Ich habe im heißen Erdgürtel Landschaften gesehen, wo die Natur großartiger ist, reicher in der Entwickelung organischer Formen; aber nachdem ich die Ufer des Orinoco, die Cordilleren von Peru und die schönen Täler von Mexico durchwandert, muß ich gestehen, nirgends ein so mannigfaltiges, so anziehendes, durch die Vertheilung von Grün und Felsmassen so harmonisches Gemälde vor mir gehabt zu haben. Das Meeresufer schmücken Dattelpalmen und Cocosnußbäume; weiter oben stechen Bananengebüsche von Drachenbäumen ab, deren Stamm man ganz richtig mit einem Schlangenleib vergleicht. Die Abhänge sind mit Reben beflanzt, die sich um sehr hohe Spaliere ranken. Mit Blüthen bedeckte Orangenbäume, Myrthen und Cypressen umgeben Capellen, welche die Andacht auf freistehenden Hügeln errichtet hat. Ueberall sind die Grundstücke durch Hecken von Agaven und Cactus eingefriedigt. Unzählige kryptogamische Gewächse, zumal Farne, bekleiden die Mauern, die von kleinen, klaren Wasserquellen feucht erhalten werden. Im Winter, während der Vulkan mit Eis und Schnee bedeckt ist, genießt man hier eines ewigen Frühlings und Sommers; wenn der Tag sich neigt, bringt der Seewind angenehme Kühlung. Die Bevölkerung der Küste ist hier sehr stark. Sie erscheint noch stärker, weil Häuser und Gärten zerstreut liegen, was den Reiz der Landschaft noch erhöht."

Groß und herrlich erhebt sich über diesen blühenden Paradiesgarten die ungeheure Gebirgsmasse des Pik, von dessen schneebedecktem Gipfel lange, schwarz-violette Bergrücken sich in das blaue Meer hinabsenken. Sein Anblick auf dieser Seite der Insel ist weit schöner, als auf der Südküste bei Santa Cruz. Denn man übersieht mit einem Blick eine ganze Reihe von den ungeheuren langgestreckten Gebirgsketten, die von dem Fuße des alle überragenden Vulkans sich zum Meere herabziehen. Die fleckenlose Schneehaube des Gipfels und die dunkel-violette Farbe der darunter hingestreckten Bergrücken stehen in reizendem Contrast zu dem frischen Grün der Küste und der bunten Blüthenpracht des Vordergrundes. Wie Humboldt richtig bemerkt, „ist der Anblik dieses Berges nicht allein wegen seiner imposanten Masse anziehend; er beschäftigt auch lebhaft den Geist und läßt uns über die geheimnißvollen Quellen der vulkanischen Kräfte nachdenken. Seit Tausenden von Jahren ist kein Lichtschimmer auf der Spitze des Piton gesehen worden, aber ungeheure Seitenausbrüche, deren letzter im Jahre 1798 erfolgte, beweisen die fortwährende Thätigkeit eines nicht erlöschenden Feuers.“

Auf dem reizenden Wege von Sauzal nach Orotava passirten wir die Ortschaften Matanza und Vittoria. Matanza bedeutet Blutbad und erinnert an die Niederlage, welche die europäischen Eroberer der Inseln hier durch die heldenmüthige Tapferkeit der Eingebornen erlitten. Vittoria, Sieg, dagegen erinnert an die blutige Rache, welche die Spanier in einem bald darauf folgenden Siege an den Guanchen nahmen. Die Eroberungsgeschichte der canarischen Inseln ist im höchsten Grade traurig und treibt den Europäern die Schamröthe in's Gesicht. Sie wiederholt im Kleinen das schauerliche Drama der Eroberung Mexicos. Hier wie dort gewannen die frechen europäischen Eindringlinge durch die Ueberlegenheit ihrer Feuerwaffen und durch eine Reihe der niederträchtigsten Ränke und Vertragsbrüche den Sieg über die eingeborene Bevölkerung. Diese kämpfte für die Freiheit und für den väterlichen Boden viele Jahre mit dem bewunderungswürdigsten Heldenmuthe. Selbst die Berichte der nichtswürdigen christlichen Eroberer schildern die Tugenden des heidnischen Guanchen-Volkes, eines aus Nordafrika eingewanderten Berberstammes, im hellsten Lichte und wissen als Entschuldigung für ihre haarsträubenden Gräuelthaten weiter Nichts anzuführen, als daß sie die heidnischen Eingebornen mit den Segnungen des Christenthums hätten beglücken wollen. Die Guanchen zogen den Heldentod dieser Beglückung vor, und Schritt für Schritt die heimathliche Erde auf das Hartnäckigste vertheidigend, wurden sie von den Spanier zuletzt buchstäblich ausgerottet. In der jetzigen Bevölkerung des canarischen Archipels, den Nachkommen der normannischen und spanischen Conquistadores, ist kaum hier und da eine Spur des alten Guanchen-Bluts erhalten.

Zwischen Vittoria und Orotava überschritten wir mehrere von den ungeheuren Felsenschluchten oder Barrancos, die für die canarischen Vulkane sehr charakteristisch sind. Diese tief klaffenden Felsenspalten, welche sich strahlenförmig in großer Anzahl von dem Gipfel des Pik bis zum Meere herabziehen, scheinen oft in das Innere des feuerspeienden Berges hineinzuführen. Sie verdanken ihre Entstehung nicht der Thätigkeit des Wasser, sondern des Feuers. Es sind oberflächliche Risse, welche während der langsamen Abkühlung der feurigflüssigen Gebirgsmasse in ihrer erstarrenden Rinde sich bildeten.

Den Namen Orotava führen gegenwärtig zwei verschiedene Ortschaften, die Hafenstadt, el Puerto, an welcher der botanische Garten liegt, und die größere Bergstadt, la Villa, welche eine Stunde höher am Thalgehänge angesiedelt ist. Da wir erst später Puerto Orotava besuchen wollten, blieben wir in Villa Orotava, wo wir auch dem Pik-Gipfel eine Stunde näher waren. Unser erster Ausgang, noch am Abend unserer Ankunft, galt dem weltberühmten Drachenbaum von Orotava, der ein Alter von mehreren tausend Jahren besitzt. Schon 1402, als die Spanier die Insel eroberten, war der Stamm so dick und hoch, als jetzt. Er ist nur gegen 70 Fuß hoch. Aber der Durchmesser des Stammes über dem Boden beträgt nahe an 40 und der Umfang über 70 Fuß. Noch in 10 Fuß Höhe hat der Stamm 12 Fuß Durchmesser. Die Eroberer errichteten im 15. Jahrhundert in dem hohlen Stamme einen Altar, vor welchem Messe gelesen wurde. Schön ist diese uralte Baumruine keineswegs, denn die mächtige Krone ist durch Stürme größtentheils zerstört und nur ein paar mächtige Aeste fanden wir noch mit den charakteristischen blaugrünen Blattbüscheln bedeckt. (Auch diese letzten Aeste nebst dem ganzen Reste des Stammes wurden in dem folgenden Jahre nach unserem Besuche (1867) das Opfer eines furchtbaren Orkans, und wir sind die letzten Naturforscher gewesen, die den hochberühmten Drachenbaum von Orotava noch lebend gesehen haben.) Zahlreiche größere und kleinere Drachenbäume sahen wir nachher noch zwischen Orotava und Garachico, und ein besonders schönes und altes Exemplar in einem Garten von Ycod los Vinos. Gewöhnlich steigt der graue, glatte Stamm kerzengerade und unverzweigt bis zu ansehnlicher Höhe empor und zerfällt dann in einem Busch von starken, wiederholt getheilten Aesten, die wie die Arme eines Candelabers neben einander empor streben. Jeder Ast trägt an seinem Ende einen stachligen Kopf von schwertförmigen, seegrünen, steifen Blättern, aus deren Mitte die vielverzweigte mächtige Traube von weißen Blüthen oder rothen Beeren hervortritt.

Die Erkundigungen, welche wir gleich nach unserer Ankunft in Orotava über unsere beabsichtigte Pikbesteigung einzogen, lauteten, wie diejenigen in Santa Cruz, sehr ungünstig. Der erfahrendste Pik-Führer, den wir ausfragten, zuckte die Achseln und meinte, der oberste Gipfel würde weges des tief herabgehenden Schneemantels keinesfalls zu ersteigen sein. Indeß beschlossen wir auf alle Fälle, wenn das Wetter es nur irgend gestatte, den Versuch zu machen, möglichst hoch hinaufzugehen. Der heftige Südwind, der schon am Tage unserer Ankunft sich erhoben hatte, steigerte sich in der Nacht zu einem orkanartigen Sturme, dem am nächsten Morgen heftige Regengüsse folgten. Schon am Nachmittag klärte sich das Wetter wieder auf. Sturm und Regen legten sich, und es zeigte sich bald, daß dieser Südsturm unser Glück gewesen war. Denn ein großer Theil des Schnees war durch seinen heißen Hauch weggeschmolzen. Wir faßten neue Hoffnung auf das Gelingen unseres Planes und trafen schleunigst alle Anstalten, um noch in der folgenden Nacht, vom Mondschein begünstigt, aufzubrechen.

Gewöhnlich werden für die Pikbesteigung 2 oder selbst 3 Tage verwandt. Man übernachtet in einer Höhe von ungefähr 9000 Fuß und unternimmt von hier aus den letzten und schwierigsten Theil der Reise, die Erklimmung des äußerst steilen Gipfels. Allein bei der vorgerückten Jahreszeit war an ein Uebernachten im Freien in solcher Höhe nicht zu denken. Wir waren daher in die unangenehme Nothwendigkeit versetzt, die ganze Tour in einem Zuge, ohne Unterbrechung machen zu müssen, und mußten zu diesem Behufe schon um Mitternacht aufbrechen. Um die Kräfte für die bevorstehenden Strapazen zu sammeln, legten wir uns schon um 6 Uhr zu Bette. Doch ließ unsere hochgespannte Erwartung uns nur wenig zum Schlafe kommen. Jede Viertelstunde wachten wir auf, um nach der Uhr zu sehen. Endlich war 11 Uhr herangekommen und wir sprangen auf, um uns zu rüsten, und durch einen starken Trunk von ausgezeichnetem, auf der Insel selbst gewachsenen Kaffee für unsern Marsch zu stärken und zu wärmen. Um Mitternacht saßen wir wohlgerüstet im Sattel unserer Maulthiere. Doch dauerte es, wie allemal in Spanien und seinen Colonien, noch eine halbe Stunde, bis alle Pferde und Maulthiere in Ordnung und bis die ganze Caravane marschfertig war. Außer meinen drei Reisegefährten, dem Bonner Privatdocenten Dr. G. und den beiden Jenenser Studenten M. und F., hatte sich auch Herr Wildpret, der vorher erwähnte botanische Gärtner aus Orotava, der den Pik schon wiederholt, aber noch nie im Winter, bestiegen hatte, unserer Expedition angeschlossen. Jeder von uns hatte seinen eigenen Führer, der zugleich das betreffende Maulthier beaufsichtigte. Außerdem ritt an der Spitze des Zuges der Hauptführer, Don Emanuel Reis, einer der ältesten und erfahrendsten Pikführer. Den Schluß der Cavalcade bildeten zwei Packpferde, welche mit Proviant, warmen Decken und Kohlen zum Feueranmachen beladen waren.

Punkt 12½ Uhr setzte sich unsere Caravane in Bewegung. Da der Reitweg äußerst schlecht und steinig und meistens so schmal ist, daß nicht zwei Reiter neben einander Platz haben, so mußten wir in einer langen Linie hinter einander reiten, und da einige Maulthiere von widerspänstigem Charakter waren und manche Störung verursachten, waren die Spitzen des Zuges oft mehr als eine Viertelstunde von einander entfernt. Im Uebrigen waren wir in der besten Stimmung und Hoffnung. Die Wolken hatten sich fast ganz zerstreut und der halbe Mond beleuchtete unsern Pfad mit einer Klarheit und einem Glanze, von dem man in unsern Breiten keine Vorstellung hat. Eine höchst angenehme kühle Luft wehte uns von dem Pik herab entgegen. Die tiefe Stille der Nacht wurde nur durch den Tritt der Maulthiere und durch die Zurufe unterbrochen, durch welche die Führer sie antrieben: „Arriba mulo! Arriba cavallo!" (Auf Maulthier! Vorwärts Pferd!) Die bevorzugten Maulthiere wurden, um tiefern Eindruck zu machen, bei ihrem weiblichen Taufnahmen gerufen: Arriba Clara! Arriba Blanca! Eh, Eh, Pepina! Eh, Eh, Christina!

Wir bedauerten lebhaft, sowohl den Hinaufweg bis zur Retama-Region, als auch den Hinabweg in der Nacht machen zu müssen, weil uns dadurch der Anblick der verschiedenen pflanzengeographischen Zonen entzogen wurde, welche Humboldt und Buch so anschaulich schildern. Von der Meeresfläche zum Pik aufsteigend, kann man im Allgemeinen fünf solche Gürtel unterscheiden. Die erste Zone, von der Küste bis zu 1500 Fuß Höhe, ist der heiße Palmengürtel, die afrikanische oder subtropische Region, charakterisirt durch Palmen und Bananen, Drachenbäume und Euphorbien, Cactus und Agaven, sowie durch zahlreiche andere, echt subtropische Gewächse. Die zweite Zone, der Rebengürtel, von 1500–2500 Fuß, umfaßt das gemäßigt warme, der Mittelmeerküste sehr ähnliche Culturland, auf welchem Orangen und Johannisbrodbäume, Getreide, Mais, Weinstock und edle Castanien gedeihen. Dann folgt als dritte Zone der feuchte, kühle Lorbergürtel, von 2500–4000 Fuß, die Region der immergrünen Laubwälder, in denen vier verschiedene Lorberarten, Oelbäume und Erdbeerbäume, Myrthen und Haidebäume die wichtigste Rolle spielen. Als vierte Zone erhebt sich darüber der Kieferngürtel, von

4000 bis 6000 Fuß, fast ganz aus den dichtstehenden Stämmen der canarischen Kiefer gebildet, einer kräftigen Föhren-Art, die sich durch ungemein große, 1–2 Fuß lange Nadeln auszeichnet. Endlich folgt als fünfte und letzte Zone, von 6000–10,000 Fuß, der Cumbre oder der Ginstergürtel, welcher fast allein durch zwei schmetterlingsblüthige Sträucher charakterisirt ist: weiter untern vorwiegend der Drüsenginster (*Adenocarpus frankenioides*), weiter oben mehr und mehr überwiegend der Alpenginster (*Spartium nubigenum*), welcher bis über 10,000 Fuß emporsteigt. Nur eine kleine Veilchenart geht noch 1000 Fuß höher. Die letzten tausend Fuß aber sind gänzlich von phanerogamer Vegetation entblößt.

Besonders leid that es uns, den Lorberwald bei Nacht durchreiten zu müssen, welcher noch heute mit seinen verschiedenen Lorberarten, den baumartigen Haidekräutern und dem falschen Lorber (*Myrica faya*) einen breiten Gürtel bildet. Ich schnitt mir darin einen jungen Lorberstamm ab, der mir nachher, beim Besteigen des Gipfels, wesentliche Dienste leistete. Der Kiefernwald, welcher noch zu Humboldt's Zeit einen mächtigen dichten Gürtel oberhalb des Lorberwaldes, rings um den Pik bildete, ist jetzt auf der Nordseite fast ganz abgeschlagen, wie überhaupt die Ausrottung der Wälder auf den canarischen Inseln, ebenso wie in Südeuropa, in den letzten Jahrzehnten mit dem frevelhaftesten Sinne betrieben worden ist. Die traurige Folge davon, der zunehmende Wassermangel, führt hier wie dort zur Verödung der früher fruchtbarsten Landstriche. Ein großer Theil von Griechenland, Italien und Spanien ist dadurch gänzlich verödet; nicht gewarnt aber durch dieses abschreckende Beispiel, läßt leider auch unser Vaterland, und der Norden überhaupt, seine herrlichen Wälder mit jedem Jahre mehr verwüsten und ausrauben.

Als die Morgendämmerung hereinbrach, hatten wir bereits die öde und wilde Ginster-Region erklommen, deren nackter, dürrer, mit Bimssteinen bestreuter Lavaboden fast blos die beiden oben erwähnten schmetterlingsblüthigen Sträucher trägt. Der *Adenocarpus* ist ein häßlicher, halbkugeliger Strauch, mit dicht drüsig behaarten

Blättern und gelben Blüthen. Der Alpenginster dagegen oder die „*Retama blanca*" wie sie hier genannt wird (*Cyticus nubigenus*) ist ein unserm Goldregen nahe verwandter Strauch, welcher herrlich duftende weiße Blüthentrauben trägt. Er erreicht 9–10 Fuß Höhe und ist die Hauptnahrung der wilden Ziegen und Kaninchen, welche die einzigen Bewohner dieser menschenleeren Einöde sind.

Nach mehr als fünfstündigem ununterbrochenem Berganreiten hatten wir gegen 6 Uhr Morgens die Bergpforte oder den Portillo erreicht. Diesen Namen führt ein Engpaß, welcher in den sogenannten Circus des Pik hineinführt. Die beiden ungeheuren Bergrücken, welche, vom Fuße des eigentlichen Pik in das Meer hinabziehend, das blühende Thal von Orotava zwischen sich nehmen, Montagna Tygaiga im Westen und Montagna Cuchillo im Osten, nähern sich hier derartig, daß der Portillo wie eine riesige Thorespforte zwischen Beiden erscheint, Dieser Punkt liegt schon ungefähr 7000 Fuß hoch, und da unsere Maulthiere von dem ununterbrochenen beschwerlichen Bergansteigen sehr erschöpft waren, wir selbst aber von der eiskalten Morgenluft ganz erstarrt, beschlossen wir, etwas weiter oben eine halbe Stunde zu rasten. Im Schutze eines mächtigen schwarzen Lavablocks loderte bald ein lustiges Feuer, welches wir mit den Zweigen der Retamabüsche nährten. Bald waren die erstarrten Glieder wieder erwärmt und durch einen guten Schluck heißen Glühweins gelenkig gemacht. Die Pferde und Maulthiere vergnügten sich unterdeß mit dem Abweiden der Retama-Schoten. Dieser Ort heißt Estancia di cera, die Wachsstation, weil die Insulaner im Frühling ihre Bienenkörbe, ausgehöhlte Stämme des Drachenbaums, hier hinauftragen und den Sommer über stehen lassen. Die Bienen bereiten aus den weißen duftenden Retama-Blüthen einen überaus köstlichen Honig, und im Herbste werden die gefüllten Stöcke wieder herab geholt.

Inzwischen begann das Morgengrauen das helle Mondlicht zu verdrängen, und um 6½ Uhr schwangen wir uns wieder in den Sattel. Auf sanftgeneigtem Lavaboden, der mit weißem und gelbem

Bimsstein dicht bestreut war, ging es nun eine lange Strecke in munterem Galopp fort. Wir hatten durch den Engpaß des Portillo hindurch die Hochebene des Circus betreten und überschauten nun mit einem Blick den ganz eigenthumlichen Bau des Pikgipfels. Mit dem Namen des Circus bezeichnet man ein ungeheures kreisrundes Amphitheater, in dessen Mitte sich der eigentliche Kegel des centralen Vulkans erst erhebt. Der Circus selbst aber ist außen wiederum von den Cañadas umgeben, einer ungeheuren Ringmauer, welche nach innen steil abstürzt, nach außen dagegen sich sanft abdacht und allmählig in die tieferen Gehänge des Pikfußes verliert. Anschaulicher vielleicht noch ist der Vergleich des Centralgipfels mit einer Festung. Die Ringmauer der Cañadas bildet den Außenwall, welcher den Graben der Festung, den Circus umgiebt. Wäre der Circus mit Wasser, statt mit Bimssteinen angefüllt, und wäre nicht die Ringmauer der Cañadas an mehreren Stellen durchbrochen und besonders an der Nordseite sehr unvollständig, so würde der Circus in der That wie ein ringförmiger Festungsgraben den Centralvulkan umgürten. Niemals habe ich eine großartigere Hochgebirgs-Landschaft gesehen, als beim Eintritt in den Circus. Nicht allein der kleine Vesuv, sondern auch der mächtige Etna muß gegen diesen Gigantenbau zurücktreten. Die schwarz oder rothbraun gefärbte Ringmauer der Cañadas stürzt senkrecht in die weiße oder gelbe Bimssteinfläche des Circus hinab, überall mehr als 1000, oft mehr als 1500 Fuß hoch. Aber sie erscheint nur als eine niedrige Umwallung des Centralvulkans, dessen stolzer Gipfel sich noch mehr als 6000 Fuß über den Bimssteingürtel erhebt. Glatt wie ein Zuckerhut fallen die schneebedeckten Wände des colossalen Kegels allenthalben herab, nur von schwarzen strahlenförmigen Obsidianströmen theilweise unterbrochen. Von Vegetation ist in der öden, wasserlosen Hochebene des Circus weiter Nichts zu erblicken, als die zerstreuten Büsche des Alpenginsters, und sie wird daher von den Insulanern auch die Ginsterebene genannt, Llano de las retamas. Sie nimmt einen Flächenraum von mehr als zehn Quadratmeilen ein.

Wer den Vesuv kennt, kann sich nach diesem kleinen Muster ganz gut ein Bild von dem riesigen Teyde-Pik machen. Die Somma, deren Ringmauer den eigentlichen Vesuvkegel umgiebt, entspricht den Cañadas, und ist, wie diese, der Erhebungskrater, aus dessen Tiefe erst der eigentliche Kegel emporgestiegen ist. Der Circus zwischen Cañadas und Pik entspricht dem Atrio dei cavalli zwischen Somma und Vesuv.

Während die Richtung unseres Pfades bisher fast südlich gewesen war, wandten wir uns nunmehr, nach dem Eintritt in den Circus, mehr gegen Westen. Zwei Stunden lang ging es beinahe eben, nur wenig ansteigend, über die öde Bimssteinfläche des Circus hin. Der Boden ist überall mehrere Fuß hoch mit Nichts als mit diesem lockeren weißen Bimssteinen bedeckt, die um so größer werden, je mehr man sich dem Kegel nähert. Nur die Retama, welche fast gar kein Wasser zu bedürfen scheint, kann in diesem sterilen, trocknen Steingeröll gedeihen. Alles thierische Leben scheint erloschen. Die Einsamkeit und Oede der vulkanischen Landschaft ist überwältigend. Um 8½ Uhr Morgens hatten wir den Fuß des Centralkegels erreicht und nach einer weiteren halben Stunde, in der es sehr steil bergan ging, die Estancia de los Ingleses, den Punkt, bis zu welchem allein die Maulthiere aufwärts klettern können.

Die Estancia de los Ingleses oder der englische Hof, ungefähr 8500 Fuß hoch, an der Ostseite des Kegels gelegen, ist nicht, wie man nach dem Titel erwarten könnte, eine Art Gasthof, nicht einmal eine einfache Steinhütte, wie die Casa degli Inglesi auf dem Etna, in welcher ich vor 7 Jahren am Fuße des Aschenkegels übernachtet hatte. Vielmehr ist es einfach ein etwas geschütztes Plätzchen in der wilden Lavawüste, umgeben von mehreren großen, theilweise überhängenden Lavablöcken. Hier übernachten gewöhnlich die Pikbesteiger unter freiem Himmel, ehe sie die Besteigung des Centralkegels unternehmen. Die Mehrzahl derselben kehrt aber hier um. Denn nun beginnt erst der eigentlich anstrengende, und zuletzt in der That sehr beschwerliche Theil der Arbeit.

Nachdem wir aus den mitgebrachten Kohlen ein Feuer angemacht, uns durch ein frugales Frühstück gestärkt und eine halbe Stunde geruht hatten, brachen wir auf zur Besteigung des Gipfels. Die Maulthiere und Pferde blieben hier zurück, ebenso ein Theil der Führer, und auch der eine Student, Herr F., welchen ein böser Hufschlag des Maulthieres gegen das Knie am Weitergehen verhinderte. Der centrale Kegel des Vulkans, an dessen Ostseite wir jetzt hinaufzuklettern begannen, besteht aus zwei Abschnitten. Der untere Abschnitt ist ungefähr 3000 Fuß hoch, also fast so hoch, wie der Brocken über dem Meere. Er heißt mit Recht das „böse Land", Malpays, und besteht aus lauter mächtigen über einander gehäuften Lava- und Obsidianblöcken. Der obere Abschnitt, welcher noch nicht ganz 1000 Fuß Höhe hat und oben ganz spitz zuläuft, ist der Aschenkegel. Seine Oberfläche ist größtentheils mit lockerer schwarzer Asche und darin zerstreuten kleineren Lavablöcken bedeckt. Beide Abschnitte des Centralkegels sind äußerst steil und beschwerlich zu ersteigen. Beide sind getrennt durch eine kleine Hochebene, la Rambleta genannt, welche ringförmig den Fuß des obersten Aschenkegels umgiebt.

Die schwarzen Lavablöcke, welche das Malpays bedecken, sind von sehr verschiedener Größe; viele davon erreichen einen Durchmesser von 8–12, die größten über 20 Fuß. Dazwischen liegt lockeres Geröll von zahlreichen kleinen Steinen. Die Vegetation hört hier gänzlich auf. Nur ein kleines Veilchen (*Viola cheiranthifolia*) geht noch bis 11,000 Fuß hinauf. Durch die messerscharfen Kanten und Zacken des eisenharten Gesteins, die durch keine Verwitterung abgerundet sind, durch die zahlreichen Löcher, welche sich zwischen den kleineren und größeren Obsidian-Blöcken befinden, und durch die lockere Lage der leicht herabstürzenden Blöcke wird die Ersteigung des Malpays schon in der guten Jahreszeit sehr beschwerlich und selbst gefährlich. In viel höherem Maaße war das aber jetzt der Fall, wo das Malpays bis fast zur Estancia hinab dicht mit Schnee bedeckt war. Bei jedem Tritte mußten wir befürchten, auf der glatten Oberfläche des hart gefrornen Schnees auszurutschen, oder in eine gefährliche, durch den Schnee verdeckte Lücke zwischen größeren Blöcken hinabzustürzen. Ein eigentlicher Weg existirt hier natürlich gar nicht, und Jeder mußte sehen, sich selbst zu helfen, und allein hinaufzuklettern, wo es nur irgend ging. Bei jedem Tritte mußte zuvor mit dem Stocke sondirt werden, ob der Fuß festen Halt fassen könne. Zu den Beschwerden des steilen Kletterns gesellten sich andere, welche durch die eiskalte und sehr verdünnte Luft hervorgebracht wurden. Wir litten sämmtlich an Kopfcongestionen, und mehrere von uns bekamen Schwindelanfälle und Nasenbluten. Je höher hinauf, deste beschwerlicher wurde die Arbeit, und noch waren ein paar tausend Fuß zu überwinden. Unsere Hoffnung, den Gipfel zu erklimmen, sank mit jeder Minute.

Schon nach einer halben Stunde war die ganze Gesellschaft zerstreut. Da wir uns zwischen dem Chaos der Lavablöcke nicht sehen konnten, riefen wir uns noch eine Zeit lang gegenseitig zu; aber auch das hörte allmählig auf. Herr Wildpret und ich selbst hielten uns stets möglichst dicht an den Fersen des Hauptführers, Don Emanuel, welcher die Spitze des Zuges führte und uns zur äußersten Eile antrieb: bei der vorgerückten Tageszeit sei keine Minute zu verlieren, wenn wir unser Ziel erreichen wollten. Was mich bei der größten Anstrengung beständig frisch erhielt, war einestheils der feste Wille, den Gipfel zu erklimmen, koste es, was es wolle, anderntheils der äußerst interessante und wirklich mährchenhafte Anblick der schimmernden Eisblätter, welche die Lavablöcke in den wunderbarsten Formen überzogen. Ich wurde hier plötzlich durch ein sehr seltenes und eigenthümliches Phänomen überrascht, welches ich niemals auf den schneebedeckten Gipfeln und Gletschern der Hochalpen gesehen und von dem ich weder gelesen noch gehört hatte. Der halb geschmolzene und dann wieder gefrorene Schnee nämlich, welcher in dünnen Schichten die einzelnen Seitenflächen und Vorsprünge der vielzackigen Lavablöcke bedeckte, war in Form der zierlichsten Federn und Blätter gefroren. Die Schönheit und Mannichfaltigkeit der Eisfiguren, welche wir im Winter an unsern gefrornen

Fensterscheiben beobachten, kann nur eine ganz schwache und annähernde Vorstellung von den unbeschreiblich zierlichen und vielgestaltigen Eisblättern geben, welche die schwarzen Lavafelsen überzogen. Viele Steine sahen täuschend so aus, als ob sie mit Schwanenfittigen bedeckt wären, andere, als ob ein zarter, aus Silberflittern gewebter und mit Blumen durchwirkter Schleier um sie gesponnen wäre, andere, als ob große Rosetten von nierenförmigen Blättern plötzlich zu Eis erstarrt wären. Wie an den Vogelfedern und den *Saxifraga*-Blättern war die zierlichste und regelmäßigste Fiederung, Furchung und verzweigte Aderbildung an den wunderbaren Eisgebilden zu verfolgen. Wir wurden nicht müde, sie zu bewundern. Ich kann mir die Entstehung dieser seltenen Eisblätter nur dadurch erklären, daß der orkanartige heiße Südwind, der in den vorigen Tagen geweht, die Schneedecke, den Furchen und Vertiefungen der vielzackigen Lavablöcke entsprechend, von der einen Seite her abgeschmolzen hatte und daß das abfließende Schneewasser an der andern Seite sofort wieder gefroren war.

Nach anderthalb Stunden der mühseligsten Kletterei langten wir drei, der Führer Don Emanuel, Herr Wildpret und ich, auf der sogenannten „hohen Aussicht" (Alta vista) an, einem kleinen, ebenen, geschützen Fleckchen in der endlosen Lavawüste. Hier hatte der englische Astronom Piazzi Smith mit seiner Frau im Sommer 1856 mehrere Wochen zugebracht, um astronomische und meteorologische Beobachtungen anzustellen. Eine Viertelstunde höher kamen wir an der Eishöhle (Cueva del hielo) vorbei. Das ist eine tiefe, von ungeheuren Lavatafeln überdeckte Höhle, in welche niemals ein Sonnenstrahl eindringt und in welcher den ganzen Sommer hindurch der Schnee, zu Firn zusammenschmelzend, erhalten bleibt. Zahlreiche Neveros oder Schneeträger aus Santa Cruz und Orotava holen hier im Sommer täglich das Eis, aus welchem, in Verbindung mit den Säften der herrlichen Südfrüchte, die köstlichsten Eisconfitüren, eine unersetzliche Erquickung für die Städter in den glühend heißen Sommertagen, bereitet werden. Noch eine Viertelstunde weiter hatten wir endlich die Rambleta erreicht, die kleine ringförmige Ebene, welche den Fuß des Aschenkegels umgürtet. Von der ganzen Gesellschaft gelangten nur drei, der Hauptführer, Herr Wildpret und ich, bis zu diesem Punkte. Alle Uebrigen waren im Malpays oder in der Estancia inglese zurückgeblieben.

Mit ungemeiner Spannung betraten wir die Rambleta. Sollte es wohl möglich sein, auch noch den Aschenkegel, diesen letzten über 800 Fuß hohen Gipfel des Vulkans zu erklimmen? Der erste Anblik stimmte unsere Hoffnung tief herab. Der Kegel lag vor uns, wie ein riesiger Zuckerhut, von einem prachtvollen im Sonnenglanze schimmernden Schneemantel rings umhüllt. Der Name Piton oder Zuckerhut, mit welchem die Insulaner den Aschenkegel stets bezeichnen, war gerade jetzt in der That äußerst zutreffend. Jetzt war es nicht, wie im Sommer, die gelblich-weiße Bimssteindecke, sondern der über diese ausgebreitete blendend weiße Eismantel, welcher keine andere Vergleichung, als mit einem colossalen Zuckerhute zuließ.

Was schon der bloße Anblick des schimmernden Eiskegels zu sagen schien, das wurde durch die Worte unseres Führers, Don Emanuel, bestätigt. Er erklärte es für unmöglich, den Zuckerhut unter diesen Umständen zu ersteigen. Selbst in der günstigsten Jahreszeit gehört die Ersteigung des äußerst steilen und glattwandigen, größtentheils von lockerer Asche bedeckten Kegels zu den schwierigsten Bergpartien. Ich erinnerte mich, in Humboldt's Reisebeschreibung gelesen zu haben, daß sie im Sommer überaus beschwerlich, im Winter ganz unmöglich sei, und daß Capitain Baudin, welcher 1797 dieselbe im Winter versuchte, bei einem Haare dabei das Leben verloren habe. Er rollte von der halben Höhe des Eiskegels bis zur Rambleta hinab und wurde nur durch einen tiefen Schneehaufen gerettet, der hinter einem mächtigen Lavablocke sich angesammelt hatte und ihn aufhielt.

Andererseits war aber der Gedanke, hier, so nahe dem ersehnten Ziele, auf dasselbe verzichten zu müssen, so niederschlagend, daß ich auf alle Fälle wenigstens einen Versuch zu machen beschloß. Mit vieler Mühe überredete ich Don Emanuel und Herrn Wildpret, mich zu begleiten. Wir rasteten einige Minuten an den sogenannten Nasenlöchern des Vulkans (Narices del pico), zwei mächtigen Felsspalten, aus denen heiße Dämpfe hervorquellen, und begannen dann den scheinbar unersteiglichen, spiegelglatten Zuckerhut mit Aufgebot aller Kräfte hinanzuklimmen.

Es zeigte sich bald, daß der Zuckerhut nicht so schlimm war, als er aussah. Der Schnee, der in den letzten Wochen wohl mehrere Fuß hoch hier gelegen haben mochte, war in Folge des anhaltenden heißen Südwindes zu einer firnartigen festen Masse zusammengeschmolzen, deren Oberfläche fest gefroren war. Sie bot Halt genug, um mit unseren eisenbeschlagenen Alpenschuhen festen Fuß zu fassen. Besonders wurde uns das Klettern an jenen Stellen erleichtert, an denen der geschmolzene Schnee unter der oberflächlichen Eiskruste weggeflossen war. Diese konnten wir durchbrechen und hatten dann in den Eislöchern festen Stand. Obgleich sehr mühselig und langsam, ging es so das unterste Drittheil des Piton doch ganz leidlich aufwärts. Nun folgte aber eine sehr schlimme Strecke, auf welcher, durch einen vorspringenden Lavarücken gegen die Sonne geschützt, eine ganz zusammenhängende feste Eisdecke den steil abfallenden Aschenkegel wie eine polirte Stahlplatte überzog. Hier wurde der geologische Hammer, den ich mitgenommen hatte, uns vom größten Nutzen. Ich schlug damit Stufen in das Eis, in denen die scharfen Nägel unserer Schuhspitzen haften konnten, und auf allen Vieren kriechend, arbeiteten wir uns so mühsam weiter. Das ging aber nur sehr, sehr langsam und kostete gewaltige Kräfte. Nach wenigen Minuten erklärte der Führer, daß es ganz unmöglich sei, noch weiter hinauf vorzudringen, und daß wir bei der vorgerückten Tageszeit nunmehr nothwendig umkehren müßten. Vor Sonnenuntergang müßten wir aus dem Circus hinaus und bis zum

Portillo würden wir bis dahin kaum zurück sein. Vergebens beschwor ich ihn, noch weiter vorzudringen, und versprach ihm eine ansehnliche Belohnung. Er blieb bei seiner Behauptung, daß es unmöglich sei, unter diesen Umständen die Besteigung des Gipfels zu erzwingen, und erklärte, daß er keinen Schritt weiter steigen werde. Nun wurde auch Herr Wildpret, der mich bis dahin treulich unterstützt hatte, wankend und versuchte, mich zur Rückkehr zu bewegen. Da ich ihm jedoch bestimmt erklärte, daß ich nicht vor Eintritt völliger Erschöpfung daran denken und vorher Alles aufbieten würde, zum Gipfel zu gelangen, ließ er sich nach einigem Zögern bewegen, mich noch weiter zu begleiten. Der Führer kehrte zur Rambleta zurück.

Das nun folgende Stück des Kegels, von kaum mehr als hundert Fuß Höhe, war die schlimmste Strecke der ganzen Bergfahrt. Fortwährend mußten wir Stufen in die harte Eisdecke hauen, und uns mit Händen und Füßen festhalten, um nicht auszugleiten. Ohne unsere vortrefflichen eisenbeschlagenen und bestachelten Alpenschuhe und ohne die Unterstützung meines alten Bergstocks und des Lorberstammes, den ich im Walde unten mir abgeschnitten, wären wir über dieses böse Stück niemals hinweg gekommen. Unsere Hände bluteten, zerschnitten von den messerschafen Kanten der Eisplatten und der glasartigen schwarzen Obsidian-Blöcke, an denen wir uns zu halten versuchten. Der Blutandrang nach dem Kopfe und die Brustbeklemmung, welche unsere ganze Gesellschaft schon unten im Malpays in der unangenehmsten Weise empfunden hatte, wurden höchst beschwerlich. Ich begann an dem Gelingen unseres Unternehmens zu verzweifeln. Herr Wildpret, der dicht hinter mir war, bat mich, stehen zu bleiben, und als ich mich umwendete, sah ihn ohnmächtig zusammensinken. Ich rieb ihm Stirn und Schläfe mit Schnee und flößte ihm ein wenig Rum ein. Dies und ein Blutstrom, der sich aus seiner Nase entleerte, brachte ihn bald wieder zu sich. Wenige Schritte weiter hatte ich dasselbe Schicksal, erholte mich aber gleichfalls rasch. Nach kurzer Rast fühlten wir uns wesentlich erleichtert und setzten unsere böse Kletterei mit erneutem Muthe fort.

Nun war aber auch das Schlimmste überstanden. Wir gelangten jetzt bald an eine Stelle, an welcher der Schnee theils weicher, theils unter der oberflächlichen Eisdecke fortgeschmolzen war, und wo wir wieder festen Fuß fassen konnten. Mit Aufgebot der letzten und äußersten Kräfte ging es nun die letzten dreihundert Fuß auf diesem günstigen Terrain ziemlich rasch hinan. Punkt 12 Uhr Mittags am 26. November hatte ich das stolze Ziel, die höchste Spitze des Pikgipfels, 12,200 Fuß über dem Meere, glücklich erreicht. Ich stieß meinen Lorberstamm in die Eiskruste, welche die oberste Spitze des Kraterrandes überzog, und band daran mein Taschentuch, das lustig im Winde flatterte. Zehn Minuten später langte auch Herr Wildpret oben an. Wir waren beide im höchsten Maaße erschöpft, und suchten zunächst eine Stelle aus, wo wir vor dem heftigen Südwestwinde geschützt uns lagern konnten.

Der Raum auf dem höchsten Gipfel des Pik von Teyde ist überraschend eng. Wie auf den Gipfeln der meisten Vulkane, befindet man sich auf dem scharfen Rande eines kreisförmigen Walles, der den trichterförmigen Krater umgiebt, und der nach innen und nach außen gleichmäßig glatt und steil abstürzt. Der höchste Punkt des Kraterrandes, auf dem wir uns befanden, und auf dem ich meine Fahne aufgepflanzt hatte, liegt im Nordosten. Ein wenig weiter nach Norden, wenige Fuß unterhalb des Kraterrandes, fanden wir eine Gruppe von halbzerstörten Lavablöcken, welche eine eisfreie Stelle beschützten, und als wir uns im Schutze derselben lagerten, bemerkten wir zu unserm großen Vergnügen, daß die Asche ganz heiß war und an der Oberfläche eine Temperatur von 30–35 °R. hatte. Als ich die oberste Schicht wegräumte und dabei meine Hand tiefer in die Asche hineinsteckte, hätte ich sie beinahe verbrannt, so glühend heiß war es hier. Und wenige Schritte davon lag tiefer Schnee!

Die Wärme dieses geschützten Plätzchens war uns äußerst willkommen. In Kurzem waren unsere Lebensgeister, welche der eisige, sehr heftige Wind fast zum Erstarren gebracht hatte, neu belebt, und wir gaben uns, durch einen tüchtigen Schluck Rum gestärkt, dem Genusse des überwältigenden Schauspiels hin, welches sich unsern entzückten Blicken darbot.

Man wird fragen, ob dieser Genuß im Verhältniß stand zu den ungewöhnlichen Beschwerden und Gefahren, mit denen wir ihn erkämpft hatten. Ich stehe nicht an, diese Frage unbedingt zu bejahen. Die eine Stunde, welche ich auf dem Kraterrande des Pik verweilte, und welche mir so rasch wie eine Minute verfloß, gehört zu den unvergeßlichsten meines Lebens. Eindrücke von solcher Majestät, solcher Eigenthümlichkeit und solcher Tiefe können nie wieder verwischt werden.

Nichts ist falscher, um die Wirkung dieser Eindrücke zu bezeichnen, als die übliche Phrase: Eine schöne Aussicht. Rundsichten von hohen Bergen sind überhaupt selten schön, wenn man nicht den Ausdruck Schönheit in einem Sinne gebraucht, den kein Maler dafür gelten lassen würde. Höchstens die Farbenharmonie, die Mannichfaltigkeit und Mischung der Farbentöne kann man hier schön finden. Die Formen, welche man von einem hohen, isolirten Berggipfel erblickt, die Vertheilung von Licht und Schatten, ist meistens nichts weniger als schön. Es sind ganz andere Ursachen, welche solchen erhabenen Rundsichten ihren eigenthümlichen und unendlichen Reiz verleihen.

Vor Allem kommt hierbei die Größe des Erdenstückchens in Betracht, welches man hier mit einem Blicke überschaut, die Masse der verschiedenartigen, theils bekannten, theils unbekannten Gegenstände, welche sich hier in dem engen Rahmen eines Panorama's zusammendrängen. Die ungewohnte Ausdehnung und Höhe des Horizonts giebt uns eine dunkele Vorstellung von der Unendlichkeit des Raums. Die tiefe, durch keinen Laut unterbrochene Stille, das Bewußtsein, daß längst alles animale und vegetabilische Leben hier erloschen ist, erzeugt in dem Gemüthe das Gefühl der tiefsten Einsamkeit. Mit einem gewissen Stolze fühlt man sich einen Augenblick als Herrn des Standpunktes, den man mit so vielen Mühen und Gefahren erkämpft hat. Bald aber fühlt sich der Mensch wieder als das, was er ist, als eine vergängliche Welle in dem unendlichen Meere des Lebens, als eine vorübergehende Combination einer verhältnißmäßig geringen Anzahl organischer Zellen, welche in letzter Instanz den eigenthümlichen chemischen Eigenschaften des Kohlenstoffs ihre Entstehung und Bedeutung verdanken! Wie verächtlich und elend erscheint in solchen Augenblicken das kleinliche Spiel der menschlichen Leidenschaften, welches tief unten in den Stätten der sogenannten Civilisation seinen endlosen Wechsel entfaltet! Wie groß und erhaben ist dagegen die freie Natur, welche uns hier im Rahmen eines einzigen Bildes die ganze Majestät und Herrlichkeit ihrer schaffenden Gewalt empfinden läßt.

Es würde ein vergebliches Unternehmen sein, ein anschauliches Bild von den zahllosen Einzelnheiten des unendlich großartigen Panorama's entwerfen zu wollen, in dessen Genuß wir uns in jener unvergeßlichen Stunde versenken durften. Ich beschränke mich daher kurz auf die Hervorhebung des Wichtigsten.

Den großartigsten Eindruck macht zunächst zweifelsohne der ungeheure Meereshorizont. Nach welcher Himmelsgegend sich auch der Blick wendet, überall hat er sich gegenüber die riesenhafte schwarzblaue Wand, deren Grenzlinie sich weit über die höchsten Gipfel der benachbarten Inseln erhebt. Die größeren und kleineren Inseln des canarischen Archipelagus übersieht man sämmtlich: im Westen Palma, Gomera und Hierro, im Osten Gran Canaria, Lanzerote und Fuerta Ventura. Selbst die kleinsten Eilande an der Nordspitze von Lanzerote sind erkennbar, Graziosa, Montaña Clara und Alegranza. Die hellvioletten Inseln schwimmen wie Traumbilder verloren in dem tiefblauen Weltmeere. Man versetzt sich unwillkührlich in die längst entschwundene Zeit zurück, in welcher alle diese Inseln als feurig-flüssige Lavamassen dem wild erregten Meeresschooße entstiegen. Wir glaubten beinahe mit dem Fernrohre auch die Küste des afrikanischen Festlandes an dem südöstlichen Meereshorizonte, hoch über Grand Canaria oder Fuerta Ventura erkennen zu können. So weit reicht aber der Gesichtskreis des Teydepiks nicht. Das Stück Erdoberfläche, welches man mit einem Blicke übersieht, beträgt 5700 Quadratmeilen, so viel als ein Viertheil der Oberfläche Spaniens.

Einen wunderbaren Anblick gewährt die Insel Teneriffa selbst, welche in ihrem ganzen Umfang nur ein kleines Piedestal für den gewaltigen Vulkan bildet. Man wird deutlich gewahr, daß die ganze Insel weiter nichts als der Fuß des Piks, und daß der Pik selbst der Central-Vulkan der ganzen Inselgruppe ist. Die übrigen canarischen Vulkane sind nur untergeordnete Seitenschornsteine für den ungeheuren Hochofen, dessen Hauptesse der Pik ist. Die ungemeine Klarheit und Durchsichtigkeit der Luft, welche man nur in den tropischen und subtropischen Gegenden so findet, erlaubte uns auch die fernsten Gegenstände auf der Insel mit der größten Deutlichkeit und Schärfe zu erkennen. Die dichten Wolken, welche noch am frühen Morgen einen großen Theil der Insel bedeckten und uns wegen der Rundsicht sehr besorgt gemacht hatten, waren im Laufe des Vormittags durch die Kraft des wärmenden Sonnenlichts völlig zerstreut worden. Rein und fleckenlos, wie das schwarzblaue Meer, strahlte auch der lichtblaue Himmel. Ueberall die klarste und kraftvollste Beleuchtung, wie wir sie nicht schöner treffen konnten. Der gezackte Küstensaum von Teneriffa ließ sich im Norden über Orotava und Garachico, und im Süden über Soccorso und Santa Cruz hin weit verfolgen. Im Osten dagegen wurde er durch die Höhen des Añaga-Gebirges verdeckt, im Westen durch die Chahorra, einen gewaltigen Krater, welcher sich unterhalb des Gipfelkraters im Südwesten, 3000 Fuß niedriger, erhebt.

Im Hafen von Orotava konnten wir die Schiffe und am Ufer die einzelnen Häuser erkennen, so klar und rein war die Luft. Höchst eigenthümlich war der merkwürdige Contrast, welchen der nackte und todte obere Theil des Piks zu dem vollen und blühenden Leben an seinem Fuße bildet. Die einzelnen Pflanzengürtel, welche wir beim Hinaufwege durchritten hatten, konnten wir deutlich unterscheiden: am Ufer die subtropische blüthenreiche Palmen- und Bananen-Region, dann den Reben- und Korn-Gürtel, darüber die immergrünen Lorberwälder und über diesen die weit ausgedehnten dunkelgrünen Kiefern-Waldungen, welche die nach den Küsten auslaufenden Bergrücken bedeckten.

Weit über Alles dies erhoben sich die schwarzen, rothen und braunen Lavawände des Circus, die Cañadas, die wir hier in ihrer ganzen Großartigkeit überschauten. Der Bimssteinring des Circus oder die Ginsterebene erschien wie ein Strom am Fuße des schwarzen Kegels, dessen Schneekuppe ringsum Alles überragte. Die Trichteröffnung des Craters, auf deren höchstem Rande wir uns befanden, ist vom Nordosten stark nach Südwesten geneigt. Der Trichter selbst ist kleiner, als beim Etna, Vesuv und vielen anderen kleineren Vulkanen. Er hat bei 300 Fuß Durchmesser nur 100–150 Fuß Tiefe. Die heißen Dämpfe, welche beständig aus der Kraterasche hervorquellen, hatten keinen Schnee im Trichter liegen lassen, und der verwitterte rothe und braune Boden erschien stellenweis mit sehr schönen Schwefelcrystallen bedeckt.

Nachdem wir das unvergleichliche Panorama eine Stunde lang genossen, begaben wir uns um 1 Uhr auf den Rückweg. Wir kundschafteten eine beim Hinaufsteigen nicht gesehene Stelle aus, an welcher der Schnee in ziemlicher Ausdehnung weggeschmolzen war, und gelangten in der warmen Asche, halb springend, halb rutschend, schnell zur Rambleta hinab, wo Don Emanuel in großer Besorgniß uns erwartete. Der Weg über das Malpays hinab war noch äußerst unangenehm, und wenn auch nicht so anstrengend, doch in der That gefährlicher, als das Hinaufsteigen. Er wurde jedoch glücklich und ohne Unfall zurückgelegt.

Um 3 Uhr waren wir schon wieder in der Estancia inglese, wo unsere drei Gefährten, die Führer und die Maulthiere unserer warteten. Nach halbstündiger Rast und nachdem wir die Ueberreste des Proviants verzehrt hatten, traten wir den Rückweg an. Am Fuße des Centralkegels, auf der Bimssteinebene des Circus angelangt, bestiegen wir um 4 Uhr wieder unsere Maulthiere. Der zweistündige Ritt durch den Circus zum Portillo war noch höchst genußreich, da die prachtvoll untergehende Abendsonne zur rechten Hand die rothbraunen Cañadas, zur linken Hand den schneebedeckten Gipfel mit den glühendsten Purpurtinten bemalte.

Um so unangenehmer gestaltete sich der Rückweg vom Portillo an. Das Hinabreiten auf dem von Lavablöcken bedeckten Wege, der kaum den Namen eines Saumpfades verdient, ist schon bei Tage kein Vergnügen. Nun wurde es aber bald stockfinster, so dass wir keine Spur mehr von dem Wege erkennen konnten. Zwar zündeten die Führer Fackeln an; da wir aber wieder in einer langen Linie hinter einander reiten mußten und bei dem ungleichen Schritte der Pferde und Maulthiere uns oft weite Strecke von einander entfernten, waren die Fackeln von wenig Nutzen. Höchst bewunderungswürdig war aber der topographische Instinkt und der sichere Tritt der Maulthiere und der kleinen Bergpferde, welche trotz der stockfinsteren Nacht und trotz des abscheulichen Weges nicht einen einzigen Fehltritt thaten.

Wir waren alle im höchsten Grade ermüdet. Herr Wildpret und ich schliefen auf dem Rücken unserer Maulthiere, an deren Sattel uns die Führer fest gebunden hatten, fast beständig, obwohl der holperige Weg uns arge Stöße versetzte. Herr M. war so todtmüde, daß er durchaus unter den Retamabüschen zurückbleiben und am folgenden Morgen nachkommen wollte. Es kostete viel Ueberredung, ihn im Sattel festzuhalten. Noch übler befand sich

Herr F., dessen Knie von dem am Morgen empfangenen Hufschlage des Maulthiers heftig schmerzte. Am übelsten war der arme Dr. G. daran, dessen Magen sich durch eine ungewöhnliche Neigung zur Seekrankheit auszeichnete. Er litt während des Hinabreitens stundenlang an diesem Uebel, gerade so wie vor drei Wochen, als wir von einem kleinen portugiesischen Schraubendampfer im biscayischen Meerbusen arg geschaukelt wurden. Eine Stunde oberhalb Orotava wurde ein kurzer Halt von einer Viertelstunde gemacht, damit sich unsere zerstreute Caravane sammeln konnte. Im Nu waren wir Alle von den Maulthieren herunter und lagen auf dem steinigen Boden in tiefen Schlaf versunken. Endlich um 10½ Uhr Abends war Orotava glücklich wieder erreicht. Wir waren volle 22 Stunden unterweges, und im Ganzen kaum 2 Stunden Rast abgerechnet, 20 Stunden ununterbrochen in Bewegung gewesen.